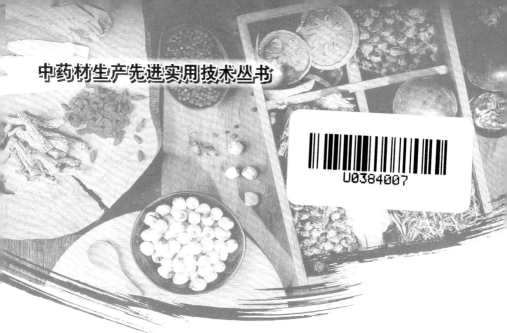

中药材生产先进实用技术丛书

U0384007

中药材种子图鉴

◎ 金 钺 魏建和 主编

中国农业科学技术出版社

图书在版编目（CIP）数据

中药材种子图鉴 / 金钺，魏建和主编 .
—北京 : 中国农业科学技术出版社，2018.12
ISBN 978-7-5116-3387-3

Ⅰ . ①中… Ⅱ . ① 金… ②魏… Ⅲ . ①药用植物—种子—图集
Ⅳ . ① S567.024-64

中国版本图书馆 CIP 数据核字（2017）第 285288 号

责任编辑　于建慧
责任校对　马广洋

出 版 者　中国农业科学技术出版社
　　　　　北京市中关村南大街 12 号　　邮编 : 100081
电　　话　（010）82109708（编辑室）（010）82109702（发行部）
　　　　　（010）82109709（读者服务部）
传　　真　（010）82106629
网　　址　http : //www.castp.cn
经 销 者　各地新华书店
印 刷 者　北京富泰印刷有限责任公司
开　　本　880mm×1 230mm　1 /32
印　　张　2.75
字　　数　98 千字
版　　次　2018 年 12 月第 1 版　2018 年 12 月第 1 次印刷
定　　价　29.00 元

《中药材种子图鉴》
编委会

主　编　金　钺　魏建和

编　委　杨成民　苏　昆

本书出版得到以下资助

① 国家中医药管理局：中医药行业科研专项

　　——30 项中药材生产实用技术规范化及其适用性研究（201407005）

② 工业和信息化部消费品工业司：2017 年工业转型升级

　（中国制造 2025）资金（部门预算）

　　——中药材技术保障公共服务能力建设（招标编号 0714-EMTC-02-00195）

③ 农业农村部：现代农业产业技术体系建设专项资金资助

　　——遗传改良研究室——育种技术与方法（CARS-21）

④ 中国医学科学院：中国医学科学院重大协同创新项目

　　——药用植物资源库（2016-I2M-2-003）

⑤ 中国医学科学院：中国医学科学院医学与健康科技创新工程项目

　　——药用植物病虫害绿色防控技术研究创新团队（2016-I2M-3-017）

⑥ 工业和信息化部消费品工业司：工业和信息化部消费品工业司

　中药材生产扶持项目

　　——中药材规范化生产技术服务平台（2011-340）

序　言

中药农业是中药产业链的基础。通过国家"十五""十一五"对中药农业的大力扶持，中药农业在规范化基地建设、中药材新品种选育、中药材主要病虫害防治、濒危药材繁育等方面取得了长足进步，科学技术水平有了显著提高。但因中药材种类众多，受发展时间短、投入的人力物力有限影响，我国中药农业的整体发展水平至少落后我国大农业 20~30 年，远不能满足中药现代化、产业化的需要。

我国栽培或养殖的中药材近 300 种，种类多、特性复杂，科技投入有限，中药材生产技术研究和应用却一直处于两极分化状态。一方面，科研院所和大专院校的大量研究成果没有转化应用；另一方面，药农在生产实践中摸索了很多经验，但没有去伪存真，理论化和系统化不足，造成好的经验无法有效传播。同时，盲目追求产量造成化肥、农药、植物生长调节剂等大量滥用。针对这种情况，需要引进和借鉴农业和生物领域的适用技术，整合各地中药材生产经验、传统技术和现代研究进展，集成中药材生产实用技术，通过对其规范，研究其适用范围，是最大限度利用现有资源迅速提高中药材生产技术水平的一条捷径。

在国家中医药管理中医药行业科研专项"30 项中药材生产实用技术规范化及其适用性研究"（201407005）、中国医学科学院医学与健康科技创新工程重大协同创新项目"药用植物资源库"（2016-I2M-2-003）、农业农村部国家中药材现代农业产业技术体系"遗传改良研究室—育种技术与方法"（CARS-21）、工业和信息化部消费品工业司 2017 年工业转型升级（中国制造 2025）资金（部门预算）：中药材技术保障公共服务能力建设（招标编号 0714-EMTC-02-00195）、中国医学科学院医学与健康科技创新工程项目，药用植物病虫害绿色防控技术研究创新团队（2016-I2M-3-017）、工业和信息化部消费品工业司中药材生产扶持项目，中药材规范化生产技术服务平台（2011-340）等课题的支持下，以中国医学科学院药用植物研究所为首的科研院所，与中国医学科学院药用植物研究所海南分所、重庆市中药研究院、南京农业大学、中国中药有限公司、南京中医药大学、中国中医科学院中药研究所、浙江省中药研究所有限公司、河南师范大学等单位共同协作。并得到了国内从事中药农业和中药资源研究的科研院所、大专院校众多专家学者的帮助。立足于中药农业需要，整理集成与研究中药材生产实用技术，首期完成了中药材生产实用技术系列丛书 9 个分册：《中药材选育新品种汇编（2003—2016)》《中药材生产肥料施用技术》《中药材农药使用技术》《枸杞病虫害防治技术》《桔梗种植现代适用技术》《人参病虫害绿色防控技术》《中药材南繁技术》《中药材种子萌发处理技术》《中药材种子图鉴》。通过出版该丛书，以期达到中药材先进适用技术的广泛传播，为中药材生产一线提供服务。

感谢国家中医药管理局、工业和信息化部、农业农村部等国家部门及中国医学科学院的资助！

衷心感谢各相关单位的共同协作和帮助！

前　言

　　《中药材种子图鉴》收载了127种常用药用植物种子，包括种子形态、种子采收和发芽条件。种子形态介绍了药用植物成熟种子（含部分果实）的颜色和外观形态结构，并选取标准种子作为标本分别对其群体和个体进行拍摄。种子采收介绍了种子或果实成熟的时期、采收时注意事项和保存条件。发芽条件介绍了种子发芽特性、种子前处理条件、发芽温度和发芽率等，该部分内容主要来自于文献资料和实验总结。希望通过出版该书，对从事药用植物栽培、科研和教学人员能有所帮助。

　　本书涉及的植物名和学名以《Flora of China》或《中国植物志》为准，本书的附录为药用植物的拉丁学名索引，以便检索。其他主要参考书为《实用中药种子技术手册》《中华人民共和国药典版)》等。由于专业水平有限和编写时间仓促，书中难免存在错误和缺点，敬请同行及读者不吝指教。

目　录

一、银杏 *Ginkgo biloba* L.

种子形态　种子核果状，倒卵形或椭圆形，长 2.5~3.0cm，淡黄色或橙黄色，被白粉状蜡质，中种皮灰白色，骨质，平滑，两端稍尖，两侧有棱边，内种皮膜质，种仁椭圆形，淡黄色或黄绿色；胚乳丰富，中间有空隙，具小芯。

种子采收　果熟期 9—10 月，种子成熟后落地，收集或者从树上采集，堆放地上或浸入水中，使外种皮腐烂，捣去肉质外种皮，洗净，晾干沙藏，或装入瓦缸中密封窖藏。

发芽条件　种子放湿砂中，晚上 20℃，白天 30℃，60 天，发芽率随采集期而不同。对于完成后熟以前采集的种子，进行 30~60 天的低温层积可能增加种子的发芽率，未经处理的种子在土壤总的发芽率为 32%~85%。

二、侧柏 *Biota orientalis* Endl.

种子形态　种子椭圆状卵形，略呈三棱状，长 5.5~ 6.5mm，宽 2.8~3.2mm，褐色。先端尖，基部钝圆，侧面具细小种脐，色较浅。胚乳丰富，黄白色，胚直生，子叶卵形，2 枚或更多，与胚乳均含油质，胚根圆柱状。

种子采收　果熟期 9—10 月，球果成熟前肉质，蓝绿色，成熟时果鳞木质化，红褐色。宜在果鳞尚未开裂时采收，暴晒 3~5 天，用

木棍轻轻敲打，然后筛取种子。

发芽条件 种子容易萌发，不需低温处理。

三、杜仲 *Eucommia ulmoides* Oliv.

种子形态 翅果纺锤形，扁平，长 3.1~3.9cm，宽 0.9~1.1cm，厚 1.6mm，黄褐色或棕褐色，表面不光滑，略有光泽，可见清晰脉纹，折断时断面有拉不断白色细胶丝，内含种子1枚。种子长条形，略扁，黄褐色，长 0.91~1.25cm，宽 2.5~3.0mm，厚 1.4mm，表面无光泽，背侧有 1 条深褐色棱线，直达脐部。胚乳白色，内有发育完好的 2 片长条形子叶及圆柱形胚轴。

种子采收 果熟期 10—11 月，雌雄异株。当果实呈黄褐色时即可采种，采后摊开阴干，去掉夹杂物，露天沙藏。

发芽条件 种子萌发最低温度为 5~10℃，最适为 18~20℃，最高为 25℃。

四、构树 *Broussonetia papyrifera* Vent.

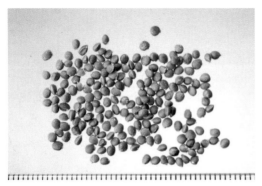
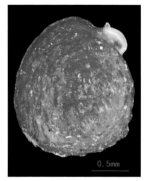

0.5mm

种子形态 小瘦果扁球形或近卵圆形，径 1.5~2.5mm，表面有网状或疣状突起，一侧略凹下，一侧稍隆起，内果皮木质，与种皮紧贴。胚乳白色，略透明；胚弯曲，子叶 2 片，近白色，油质，气无，味淡。

种子采收 果熟期 8—10 月，当聚花果颜色鲜红时，即种子成熟。采收后揉烂，洗去果肉，晾干，种子干藏。

发芽条件 种子有几个月休眠期，采后即播，发芽率低。对发芽温度要求不高，10℃左右即可萌发。

五、大麻 *Cannabis sativa* L.

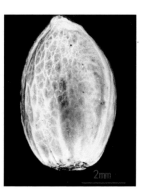

2mm

种子形态 瘦果卵形，微扁，长 4.1~5.3mm，宽 3.1~4.4mm，厚 2.7~ 3.7mm。表面灰绿色、灰黄色或褐色；边缘具浅色棱线，两侧面具网状脉纹，基部具 1 圆形凹窝状果脐。果皮硬而脆，内表面褐色；含种子 1 枚。种子呈圆形，种皮棕绿色，薄膜质。胚乳少量，存在于胚根及子叶间。胚弯曲，有油性；胚芽明显；子叶 2 枚，卵形，肥厚。

种子采收 果熟期 7—11 月，待瘦果表面成灰绿色、灰黄色或褐色时，晒干，脱粒，置干燥阴凉处保存。

发芽条件 种子容易萌发，种子萌发适宜温度为 15~20℃。

六、桑 *Morus alba* L.

0.8mm

种子形态 瘦果长 2mm 左右，宽 1.6~1.7mm，厚 0.9~1.1mm，黄褐色，表面平，无光泽，背腹两侧具隆起的纵棱；果皮骨质，内含种子 1 枚。种皮褐色，薄膜质，胚乳少量，胚弯曲，白色，含油分。

种子采收 果熟期南方 4—5 月，北方 5—6 月，待聚花果成熟呈紫色或白色时采摘，采回后立即淘洗，除去果肉，阴干。

发芽条件 种子容易萌发，种子萌发适宜温度为 25℃。

七、檀香 *Santalum album* L.

种子形态 种子近球形，新鲜时呈淡紫红色，阴干后呈淡灰色，长 0.7cm，宽 0.6cm。

种子采收 果熟期海南 8—10 月，云南西双版纳 8—11 月，采摘成熟果实，洗净果肉，注意把浮种去除干净，平铺在竹箩上置于室内阴干或晒干。

发芽条件 种子有一定后熟期以干沙藏比湿沙藏后熟较好，低温比高温条件下后熟较好。

八、金荞麦 *Fagopyrum dibotrys* Hara.

种子形态 瘦果宽卵形，呈三面体，长 6.0~9.0mm，最宽处 4.0~6.0mm，先端尖，基部平，最底部略突起，外有 5 片卵圆形宿存花被。瘦果熟时褐色或黑褐色，表面有不规则的块状突起。胚乳丰富，子叶弯曲折叠，胚根短小。

种子采收 果熟期 10—11 月，当瘦果褐色时剪下果序，晾晒，去杂质，在干燥通风处贮藏。

发芽条件 种子容易萌发，发芽适温为 25℃。

九、萹蓄 *Polygonum aviculare* L.

种子形态 瘦果三棱状卵形，长 2.2~3.0mm，宽 1.2~2.0mm，棕褐色或棕黑色，略有光泽，呈微粒状粗糙。顶端渐尖，棱角钝，3 个棱面宽度不等长，横剖面呈不等边三角形，果体被宿存花被所包，顶端微露出。果脐位于果实基部，三角形，含种子 1 枚。种子与果实同形，种皮膜质，鲜红色或红褐色，内含丰富的粉质胚乳。胚黄色，棒状，弯生成半环形，位于种子两侧的夹角内。下

胚轴与两片长形子叶的长度约相等。

种子采收 花期 6—8 月,果熟期 9—10 月。

发芽条件 发芽适温 6~8℃。

十、虎杖 *Polygonum cuspidatum* Sieb.et Zucc.

1.5mm

种子形态 瘦果三棱状卵形,长 4.2~4.5mm,宽 2.5~2.9mm,外包淡褐色或黄绿色扩大成翅状的膜质花被(常破损或脱落),表面棕黑色或棕色,有光泽。顶端具 3 个宿存花柱,(常脱落);基部有一小圆孔状果脐,果内含种子 1 枚。种子三棱状卵形,表面绿色,先端尖,具种孔,基部具 1 短种柄,解剖镜下观察表面具略隆起网状花纹。胚乳白色,粉质,胚稍弯曲,子叶 2 枚略呈新月形。

种子采收 果熟期 8—10 月,当花被变淡褐色时采集,熟后种子落地,晾干去杂质,放阴凉处保存。

发芽条件 种子容易萌发,20~30℃变温下发芽较恒温好,去果壳能促进发芽。

十一、何首乌 *Polygonum multiflorum* Thunb.

种子形态 瘦果倒卵状三棱形,长 2.0~2.5mm,宽 1.6mm,具 3 棱,棕黑色而光亮,基部为 1 小孔状种脐,内含种子 1 枚。种子卵状三棱形,棕褐色,在解剖镜下观察表面密布细网纹。胚乳白色,

胚在种子的基部。

种子采收 果熟期 10—11 月，当花被变褐发干，种子黑褐色时采集，晒干脱粒，去杂质，放干燥阴凉处保存。

发芽条件 种子容易萌发，20~30℃变温下发芽较恒温好。

十二、杠板归 *Polygonum perfoliatum* L.

种子形态 瘦果球形，坚硬，直径 2.5mm。成熟时完全包于深蓝色多汁的肉质花被内，表面黑色，光滑，有光泽。顶端具小针状突起，果脐为污白色花梗所覆盖，瘦果上的花被易脱落，花梗宿存。

种子采收 果熟期 8—9 月，当肉质花被蓝色变软时采收，在水中揉搓，去尽杂质，漂洗干净，晒干贮藏。

十三、药用大黄 *Rheum officinale* Baill.

3mm

　　种子形态　瘦果具 3 翅，长圆形，基部心脏形，先端略有缺口，长 7.0~9.8mm，宽 4.0~7.0mm，鲜时红色，平滑无毛。

　　种子采收　果熟期北京 6 月上、中旬，西北地区 6 月下旬至 7 月种子成熟，青海 8 月下旬至 9 月种子成熟。选 3 年生健壮的植株，于大部分果穗变褐时，选晴天连同花枝割下，倒挂置阴凉通风处，稍干后抖下种子摊开阴干。

　　发芽条件　种子很易萌发，15~25℃均能迅速整齐发芽。

十四、掌叶大黄 *Rheum palmatum* L.

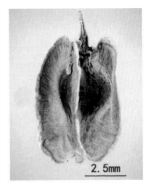

2.5mm

种子形态 瘦果三棱状椭圆形至矩圆形，长 6.0~9.0mm，径 4.0~7.0mm，表面皱缩棕黑色。果体黑色，包被于宿存花被中。花被干枯后呈深褐色，有 3 膜质翅。翅宽 2.0mm，表面有径向细纹，3 翅在顶端形成 1 倒锥形缺口，其基部均呈耳垂状。果柄残留。花萼宿存。种子 1 枚，种子与果实同形，种皮薄，棕黑色。胚乳白色粉状。胚根短小。子叶 2 枚，卵形。

种子采收 果熟期 7—8 月。

十五、商陆 *Phytolacca acinosa* Roxb.

种子形态 种子圆形或肾圆形，扁，直径 4.9~5.2mm，厚 1.4~1.6mm，表面黑色，平滑，有光泽，腹侧稍直，近下端有 1 小凹缺，内具 1 褐色小突起装种脐。种皮厚，硬而脆，光滑有光泽，解剖镜下观察密布网状突起

的细花纹。胚乳白色，粉质，胚弯曲呈环状，淡黄色，含油分，胚根圆柱形，子叶 2 枚，线形。

种子采收 果熟期 7—10 月，当浆果紫黑色软时采集，在手中揉搓，漂洗去果肉，取沉底种子晾干贮藏。

发芽条件 种子属于需低温湿润打破休眠的类型。采用浓硫酸浸种处理，在提高种子的萌发上效果较好。

十六、垂序商陆 *Phytolacca americana* L.

种子形态 种子肾状圆形或近圆形，双凸透镜状，径长 2.5~3.0mm，厚 1.0~2.0mm，黑色，表面光滑，有强光泽。周缘圆滑，基部边缘较薄，并有 1 三角形凹口，沿种脊有 1 明显的窄脊棱。种脐椭圆形，其中央有淡黄色的小突起，位于种子基部凹陷内。种

1 mm

皮革质，坚硬。胚乳丰富，白色粉质。胚环状，子叶2枚，线形。

种子采收 果熟期7—10月。

发芽条件 发芽适温13~15℃。

十七、马齿苋 *Portulaca oleracea* L.

种子形态 种子扁圆形或逗点形，直径0.7~0.8mm，厚0.4mm，表面黑色或棕黑色，稍有光泽。解剖镜下可见表面密布排

列成行的颗粒状突起，种子腹侧中下部微凹，有1灰白色种脐。胚乳白色，半透明，含油分，胚白色，子叶2枚。

种子采收 果熟期8—9月，待蒴果大部成熟，割取全草，抖落种子，晒干，除去杂质，放干燥阴凉处保存。

发芽条件 种子容易萌发，光照变温条件下发芽率高。

十八、石竹 *Dianthus chinensis* L.

种子形态 种子椭圆形或倒卵形，扁平，常弯曲，长 2.3~2.9mm，宽 1.6~2.2mm，厚 0.4~0.6mm，表面棕褐色或黑色，解剖镜下可见密布规整排列皱纹。顶端微凹，下端具 1 小尖突，背面中央具 1 大型椭圆状浅平凹窝，下为 1 短纵棱，与基部小尖突相连；腹面中央具 1 纵脊，其中部有污白色点状种脐。胚乳和胚白色，胚根圆锥状，子叶 2 枚，椭圆形。

种子采收 果熟期 6—10 月，当蒴果枯黄，顶端开裂小孔，种子呈黑褐色时及时采收，晒干，脱粒，筛去杂质。

发芽条件 种子容易萌发，15~30℃发芽很迅速。

十九、瞿麦 *Dianthus superbus* L.

种子形态 倒卵形，扁，常弯曲，长 2.0~2.4mm，宽 1.7~1.8mm，厚 0.6~0.8mm。表面黑色或棕黑色，解剖镜下可见密布规整排列的短线纹，顶端圆，基部具 1 小尖突，背面较平，腹面具 1 倒卵形浅平凹窝，中央具

1 种脊，其中部有 1 白色点状种脐。胚乳和胚白色。

种子采收　果熟期 8—9 月，当蒴果黄白色枯干，种子黑色时采收，大部分种子成熟时割取地上部，晒干脱粒过筛，簸去杂质。

发芽条件　种子容易发芽，发芽适温为 20~25 ℃。

二十、麦蓝菜 *Vaccaria segetalis* (Neck.) Garcke

0.8mm

种子形态　种子圆球形，直径 1.8~2.1mm，表面黑色或棕黑色，未成熟者红棕色，解剖镜下可见密布细小颗粒状突起；一侧具 1 浅纵沟，基部具 1 污白色点状种脐，种皮坚硬。胚乳白色，角质样，未完全成熟者为粉质。胚呈环状，胚根圆柱状，子叶 2 枚。

种子采收　果熟期 5—6 月，当种子大部呈黄褐色，少部已变黑时及时割取全草，晒干，蒴果自然开裂，收集种子，除去杂质。

发芽条件　种子极易萌发，在较低温度下发芽较好。

二十一、地肤 *Kochia scoparia* (L.) Schrad.

种子形态　胞果，外具宿存花被，扁圆状五角星形，直径 2.1~3.2mm，厚 0.5~1.2mm，宿存花被膜质，黄褐色，具翅 5 枚，排成五角星状；背面中央具果柄痕，并具数条放射状棱线；腹面露出五角星状空隙。果皮薄膜质，易剥离，含种子 1 枚。种子瓜子形，略扁，长 0.8~1.3mm，表面棕色或灰棕色。胚乳白色，胚弯曲，呈扁环状，淡黄绿色，子叶 2 枚。

种子采收　果熟期 7—10 月，当种子呈灰棕色时及时割取全草，晒干打下果实，除去杂质，晒干备用。

发芽条件　种子容易萌发，15~30℃萌发很好。

二十二、牛膝 *Achyranthes bidentata* Bl.

种子形态　采收的种子常附带黄色苞片及小苞片，内有坚硬、褐色长圆形的胞果，上方有宿存的花柱，胞果内有种子 1 粒。种子长圆形，长 2.5mm，宽 1.5mm，黄褐色。种胚紧靠种皮，外胚乳肉质，在种胚的内方。

种子采收　果熟期 9—10 月，果实转黄褐色时，采收种子晒干贮藏。

发芽条件　种子容易萌发，15~35℃均能很好萌发。

二十三、青葙 *Celosia argentea* L.

种子形态　种子扁圆形，直径 1.2~1.5mm，厚 0.5~0.7mm，表面黑色或棕黑色，平滑，有光泽；解剖镜下可见矩形或多角形细小

网纹，排列成同心环状，两侧面凸，腹侧微凹，内中具 1 小突起状种脐。胚乳白色，粉质，胚弯曲，呈环状，淡黄色，含油分，胚根圆柱状，子叶 2 枚，线形。

种子采收 果熟期 8—9 月，当种子呈棕黑色时割取果穗，晒干，打下种子，除去杂质，放干燥处保存。

发芽条件 种子容易萌发，发芽适温 20~30℃。

二十四、鸡冠花 *Celosia cristata* L.

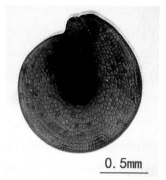

0.5mm

种子形态 种子圆形或圆状肾形，扁，直径 1.4~1.6mm，厚 0.5~0.8mm，表面黑色或棕黑色，平滑，有光泽；解剖镜下可见矩形或多角形细小网纹，排列成同心环状；两侧面凹，且常具 1~2 浅凹窝，腹侧微凹，内中具 1 小突起状种脐。胚乳白色，粉质，胚弯曲，呈环状，淡黄色，含油分；胚根圆柱形，子叶 2 枚，线形。

种子采收 果熟期 9—10 月，待种子颜色变黑时剪取花序，搓出种子，放干燥阴凉处贮藏。

发芽条件 种子容易萌发，发芽适温为 25~35℃。

二十五、八角茴香 *Illicium verum* Hook. f.

种子形态 种子扁卵形，长约 7mm，宽约 4mm，厚 2mm，种皮棕色或灰棕色，光亮，一端有小种脐，旁有明显珠孔，另一端有合点，种脐与合点之间有淡色的狭细种脊。种皮质脆，内含白色种仁，富含油质。

种子采收 8 月中旬以前开的花形成的幼果，当年发育，于翌年 3—4 月成熟，由于秋末冬初干燥气候的影响，果实瘦小，种子发育不良，不能做种用。8月中旬以后开的花形成的幼果由干枯的花瓣紧包，保护幼果休眠越冬，翌年 2—3 月气温回升时

继续发育，经春、夏、秋 3 季的生长，至 10 月中、下旬成熟，可采收做种用。当果实变红棕色时，采收充分成熟的果实，选择粒大饱满的种子，不要日晒或风干过久。

发芽条件 采后在果内保存 20 天的种子在培养皿内发芽时，见光和黑暗下均能发芽。

二十六、五味子 *Schisandra chinensis* (Turcz.) Baill.

种子形态 种子椭圆状肾形，长 3.5~5.0mm，宽 3.0~4.1mm，厚 2.2~2.8mm。表面黄褐色，平滑，有光泽；种脐位于种子腹侧凹入处，种皮硬而脆。种仁肾形，上端钝圆，下端稍尖。胚乳淡黄色，含油分。胚细小，埋生于种仁下端。

种子采收 果熟期 9—10 月，果实红色变软时采收，随即在水中浸泡，搓去果肉，洗出种子，再于水中将秕粒漂出。

 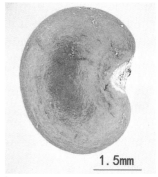

1.5mm

二十七、樟 *Cinnamomum camphora* (L.) Presl

种子形态　果球形，径 6.0~
8.0mm，熟时紫黑色，有膨大的
浅杯状花托包围基部。果核圆球
形，径 6.0~6.7mm。内果皮灰
褐色，具黑色小花斑，稍粗糙，
质脆，其中央有 1 圈纵棱。果脐
在基部，与纵棱相连。种皮薄膜
质，紧贴内果皮。胚根短小，圆锥状，尖，黑褐色，子叶 2 枚，半
圆形，肥厚。

种子采收　果熟期 10—11 月。
发芽条件　发芽适温 9~14℃。

二十八、肉桂 *Cinnamomum cassia* Presl

种子形态　浆果卵圆形，熟
时紫黑色，内有种子 1 枚，卵
圆形，黄褐色，长 1.0cm，宽
0.6cm。

种子采收　果实翌年2—3月成熟，成熟果实为紫黑色，采收后除去果皮，用清水洗净，及时播种。

发芽条件　种子需在砂中催芽，恒温25℃，35天发芽。

二十九、乌头 *Aconitum carmichaeli* Debx.

种子形态　种子倒卵形，长4.1~5.2mm，宽2.8~3.2mm，厚1.6~2.1mm，表面褐色，皱缩，背部宽，横生大型膜质鳞片，两端延伸至两侧面，腹侧具膜质翼，且见有种脊（水浸后明显）；基部具1小点状种脐。种皮膜

质，种仁倒卵形，表面灰色。胚乳白色，含油分，胚细小，埋生于种仁基部。

种子采收　果熟期8—11月，蓇葖果成熟时开裂，应在果未开裂前及时分批采摘，除去杂质，随采随播。

发芽条件　种子需要在低温湿润条件下解除休眠。

三十、升麻 *Cimicifuga foetida* L.

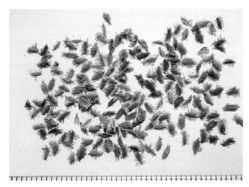

1.5mm

种子形态　种子椭圆形或卵圆形，扁，长2.5~3.0mm，宽1.5~

2.0mm，表面金黄色或棕褐色，上有多数鳞片，背面和腹面的鳞片短于两侧鳞片，两侧鳞片呈翅状，鳞片上有多数平行条纹，种脐不明显。胚乳丰富，油质，胚小，子叶略歪斜。

种子采收　果熟期 9—10 月，蓇葖果变褐色尚未开裂时采收果序，晾摊阴干，略加敲打，脱粒过筛，除去杂质，及时播种。

发芽条件　种子收获时胚未分化发育，需在低温湿润条件下通过后熟打破休眠。

三十一、棉团铁线莲 *Clematis hexapetala* Pall.

种子形态　瘦果倒卵形，扁平，先端尖，基部钝圆，密生柔毛，宿存花柱羽毛状，长达 1.5~3.0mm，灰白色，长柔毛，种子 1 枚。胚乳丰富，油质，内有 1 小形胚。

种子采收　果熟期 8—10 月，果实成熟后采摘果序，干后搓去羽状花柱，干燥低温下贮藏。

发芽条件　种子先放置于低温下 48 天，再放置变温箱下发芽，比未经低温的发芽率高。

三十二、黄连 *Coptis chinensis* Franch.

种子形态　种子长椭圆形，长 2.0~2.5mm，宽 0.6~0.9mm，背面隆起略呈弧形，腹面扁中线明显略凹，顶端圆形，基端平直。

0.5mm

种皮红棕色或棕褐色，表面有多数纵纹突起，稍具光泽。胚乳不透明，质硬，胚细小近球形，着生于基端。

种子采收 四川主产区采种期在立夏前后（5月上旬），当蓇葖果由黄绿刚转紫色可抖出种子时，选晴天1次采收，采时两手合捧连果序摘下运回，经搓打抖出黄绿种子，摊放于室内阴凉湿润处，经常翻动，3~5天后，种子逐渐变棕褐色即拌合2倍以上的湿沙，贮藏于阴凉处。

发芽条件 种子在成熟收获季节胚尚未形成，或虽已形成但还处于原胚阶段尚未分化，其种胚发育与生理后熟均要求一定的低温湿润条件。用赤霉素处理种子可加速胚的发育。

三十三、芍药 *Paeonia lactiflora* Pall

种子形态 种子椭圆状球形或倒卵形，长6.9~8.7mm，宽6.5~7.2mm，表面棕色或红棕色，稍有光泽。常具2（1~3）大型浅凹窝及略突起的黄棕色或棕色斑点，基部略尖，有1不甚明显的小孔为种孔，种脐位于种孔一侧，短线形，污白色。外种皮硬，骨质，内种皮薄膜质。胚乳半透明，含油分，胚细小，直生，胚根圆锥状，子叶2枚。

种子采收 果熟期8—9月，南方7月成熟，单瓣芍药结子多，选健壮植株采种，于蓇葖果微裂时及时采摘。

2mm

发芽条件 种子为下胚轴休眠类型，于4℃下处理30天以上可打破下胚轴休眠，最适发芽温度为11℃。

三十四、牡丹 *Paeonia suffruticosa* Andr.

种子形态 种子阔椭圆状球形或倒卵状球形，长10.3~12.1mm，宽8.6~9.8mm，表面黑色或棕黑色，有光泽。常具1~2个大型浅凹窝，基部略尖，有1不明显的小种孔，种脐位于种孔一侧，短线形灰褐色；外种皮硬，骨质，内种皮菲薄，膜质。胚乳半透明，含油分，中间有1空隙，胚细小，直生，胚根圆锥状，子叶2枚。

种子采收 果熟期7—9月，当蓇葖果呈蟹黄色，腹部开始破裂时分批采收。

发芽条件 种子为下胚轴休眠类型，收获时胚未发育成熟，胚发育早期要求较高温度（15~22℃）30天，后期要求10~12℃较低的温度30~40天，胚形态上发育完成后长根，根系不断长大，要求有0~5℃低温条件打破下胚轴休眠，时间约需15~20天，打破下胚轴休眠后，牡丹种子在10℃左右温度下长茎出苗。

三十五、天葵 Semiaquilegia adoxoides (DC.) Makino

种子形态 种子卵状椭圆形，褐色至黑褐色，长约1mm，表面有许多小瘤状突起。

种子采收 果熟期4—5月，5月采收种子，用潮湿细沙层积贮藏。

发芽条件 种子在20~38℃均能发芽。

三十六、三叶木通 Akebia trifoliate (Thunb.) Koidz.

种子形态 种子卵形，形状不规则，近三角形略扁，长5.0~10.0mm，宽3.0~5.0mm，厚2.0~4.0mm，黑色或红褐色，表面皱缩，略有光泽。先端圆，基端一侧有1灰白色种阜，近种阜有1凹陷种脐，种阜、种脐外有黄白色环。

种子采收 果熟期8—9月。

三十七、胡椒 Piper nigrum L.

种子形态 种子近圆球形，直径4.0~6.0mm，表面棕黄色，具

灰白色斑纹和 10~14 条纵走的脉纹，纵切面大部分为稍带粉质的外胚乳，外层多淡黄棕色，内层多黄白色，近中央有 1 近棱形的小空腔，靠近顶端有细小的胚和内胚乳。

种子采收 当果穗上绝大部分果实转黄绿色，一部分果实已红黄色或黄红色时即可采收。剪下果穗，摘下黄色或黄红色果实，搓脱外皮，用清水漂洗去果皮，洗去果肉，室内摊开晾干，或用纸等覆盖后在阳光下适度晒干，不宜过分干燥，应在存放 1 个月内及时播种，或在低温下贮藏。

发芽条件 种子在日均温 26℃条件下，经催芽后 20 天可以发芽。日温差小的适温条件下发芽较好，日温差过大的露阳条件下不能发芽。

三十八、菘蓝 *Isatis tinctoria* L. (*Isatis indigotica* Forture)

种子形态 角果长圆形，扁平，翅状，长 13.2~18.4mm，宽 3.5~4.9mm，厚 1.3~1.9mm，表面紫褐色或黄褐色，稍有光泽，先端微凹或平截，基部渐窄，具残存的果柄或果柄痕；两侧面各具 1 中肋，中部呈长椭圆状隆起，内含种子 1 枚。种子长椭圆形，长 3.2~3.8mm，宽 1.0~1.2mm，表面黄褐色，基部具 1 小尖突状种柄，两侧面各具 1 较明显的纵沟（胚根与子叶间形成的痕）及 1 不甚明显的浅纵沟（两子叶之间形成的痕）。胚弯曲，黄色，含油分；胚根圆柱状，子叶 2 枚，背依于胚根。

种子采收 果熟期 5—6 月，待角果表面呈紫褐色或黄褐色时陆续采收，晒干脱粒，放干燥阴凉处保存。

发芽条件 种子容易萌发，在 15~30℃温度下萌发均良好。

三十九、萝卜 *Raphanus sativus* L.

1.5mm

种子形态 长角果卵状圆锥形，不开裂，种子卵形或椭圆形，略扁，长 2.9~4.1mm，宽 2.3~3.1mm，厚 1.5~2.5mm；表面红棕色、棕褐色或少数黄白色，解剖镜下可见细密网纹。一侧具 2~4 条浅纵沟（折迭子叶及胚根形成的痕），基部较宽，具 1 微小尖突，其先端具种孔，近种孔处具 1 褐色小圆点状种脐。胚弯曲，淡黄色，含油分，子叶 2 枚，宽倒心形，对迭成马鞍形而背依于胚根。

种子采收 果熟期 5—8 月，待角果充分成熟时采收，晒干，打

出种子，放干燥处贮藏。

发芽条件 种子容易萌发，萌发适宜温度为 20~25℃。

四十、白芥 *Brassica hirta* Moench.

种子形态 种子圆球形，直径 1.2~2.2mm，表面黄色或棕褐色，平滑，无光泽，解剖镜下可见细微网纹。种子基部常具 1 暗色斑，中央有 1 小突起状种脐，种皮薄而脆。胚乳薄膜质，半透明，胚弯曲，淡黄色，含油分，子叶 2 枚，广倒心形，对迭成马鞍形而依于胚根。

种子采收 果熟期 5—6 月，当果荚扁黄白色时割下，成小把放在地上摊 5~7 天，经过后熟，晒干打下种子，筛簸去净果壳杂质，再晒至全干即成。

发芽条件 种子容易萌发，在 15~30℃条件下萌发都很好。

四十一、广州相思子 *Abrus cantoniensis* Hance

种子形态 荚果矩圆形，扁平，熟时棕黄色，上面有淡黄色短柔毛，长约 2cm，宽 5mm，种子 4~6 粒，倒卵状椭圆形或矩圆形，扁平，棕色、黑色或棕褐色，长 3.0~4.0mm，宽 2.0~3.0mm，厚 1.7mm。表面光亮，或有棕黑相间的花斑，种脐凹陷，线形，脐冠长圆形，基部有一晕圈。子叶肥大，黄绿色，胚根短小。

种子采收 果熟期 8—10 月，当荚果棕黄色时采摘，摊开至干，

 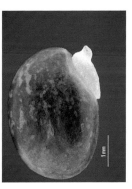

脱粒。筛簸去杂，干藏。

发芽条件 种子硬实，用砂纸摩擦或温水浸种可以促进萌发。

四十二、儿茶 *Acacia catechu* (L.) Willd.

种子形态 荚果扁而薄，连果梗长 6.0~12.0cm，宽 1.0~2.0cm，内有种子 7~8 粒。种子褐绿色，卵圆形，极扁，长 0.7~1.0cm，宽 0.5~0.7cm，厚 0.11~0.15 cm。

种子采收 海南果熟期翌年 1—2 月，云南西双版纳 5—6 月开花，果熟期翌年 2—3 月，当荚果开始变褐色呈干枯状时，即可及时采收。

发芽条件 种子极易萌发，温度较高时发芽快、发芽率高。

四十三、合欢 *Albizzia julibrissin Durazz.*

种子形态 荚果线状椭圆形，长 7.0~15cm，宽 1.5~2.5cm，先端尖，边缘波状，基部渐窄，表面褐色，内含种子 8~12 粒。种子长卵状椭圆形，扁平，长 6.0~10.0mm，宽 3.0~5.0mm，厚 2mm，稍有光泽，棕褐色，两面有椭圆形线纹，种脐位于基部。胚直立，子叶 2 枚，长椭圆形，胚根细长。

种子采收 果熟期 7—10 月，荚果不开裂，果实 8~9 成成熟时（呈绿黄色）采收，晒干，敲打出种子，去杂，于通风凉爽处贮藏。

发芽条件 种子硬实，在恒温箱内发芽率不高，用浓硫酸处理后，发芽率提高。

四十四、扁茎黄芪 *Astragalus complanatus R. Brown*

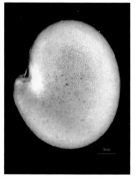

种子形态 荚果纺锤形，长 2.0~3.5cm，先端有喙，内含种子数枚。种子肾形，稍扁，表面褐色或棕褐色，光滑，一边微向内陷，为 1 浅灰色圆形种脐所在。质坚硬，种仁两瓣，淡黄色，嚼之味淡，有豆腥气。

　　种子采收　果熟期9—10月，当荚果外皮由绿变黄褐色时，在靠近地表3cm处割下，晒干脱粒，簸去杂质。

　　发芽条件　种子容易萌发，在15~30℃温度范围内都发芽良好。

四十五、膜荚黄芪 *Astragalus membranaceus* (Fisch.) Bge.

　　种子形态　荚果薄膜质，椭圆形，膨大，有种子5~6粒。种子宽卵状肾形，略扁，长2.4~3.4mm，宽2.0~2.6mm，厚1.1~1.5mm，表面暗棕色或灰褐色，具不规则的黑色斑，或黑褐色而无斑，平滑，稍有光泽。两

侧面常微凹入，腹侧肾形凹入处具1污白色中间裂口的小圆点，即为种脐，种脊不明显。胚弯曲，淡黄色，含油分，胚根较粗大，子叶2枚，歪倒卵形。

　　种子采收　北京果熟期6月，待果荚变白，种子褐色时采收，晒干脱粒，除净杂质，放干燥阴凉处保存。

　　发芽条件　种子容易萌发，在15~30℃下5天即发芽并达盛期，但发芽率不高，主要原因是种皮透水性差。

四十六、蒙古黄芪 *Astragalus memberanaceus* (Fisch.) Bge. var. *mongholicus* (Bge.) Hsiao

　　种子形态　荚果无毛，有显著网纹，半卵圆形，膜质，膨胀，先端有短尖喙，长1.5~2.0cm，宽2.0~3.0cm，表面光滑，有显著网纹，种子8~10枚。种子肾形，扁平，长2.4~3.4mm，宽2.0~2.7mm，厚1.2~1.7mm，表面暗褐色，具黑色斑点，光滑革质。种子一侧具1凹口 "L" 形，种脐在凹口处，白色圆形，凹陷，长存1白色长条形

种柄，脐条深色。胚黄色，弯生；胚根圆锥形，弯曲；子叶2枚，卵形。

种子采收 果熟期8—9月。

发芽条件 发芽适温15℃。

四十七、扁豆 *Dolichos lablab* L.

种子形态 种子椭圆形，略扁，长10.8~13.9mm，宽7.8~10.8mm，厚3.9~7.1mm，药用者表面黄白色、污白色或微显绿色，平滑或稍皱缩；腹侧由顶部至中下部具1白色棱条状种阜（种脐发育而来），质松脆，下连1黄白色至黑褐色种孔，种阜另端相连于1淡黄色至黑褐色种脊。种皮薄而脆。胚弯曲，黄白色；胚根扁，胚芽明显，子叶2枚，肥厚，椭圆形或倒卵形。

种子采收 9—10月间果荚成熟时摘下果荚，晒干脱粒，再晒至全干；也可以果荚保存，至播种时剥出。

发芽条件 种子容易萌发，以较高温度下发芽率较高。

四十八、榼藤子 *Entada phaseoloides* Merr.

种子形态 种子圆形或长圆形，长6.0~8.0cm，宽6.0~7.5cm，厚 1.0~1.5cm，棕黑色，表面有细致网纹，有时被有黄色锈粉，种脐长圆形，肿瘤乳突状，黑色。子叶肥大，黄绿色，胚根不与子叶分开。

种子采收 果熟期 8—11月，当种子棕色时采摘果荚，晒干，脱粒，去杂质，干藏。

发芽条件 种子十分坚硬，浓硫酸处理种子 1.5 小时，冲洗净后播种的发芽率高。

四十九、皂角 *Gleditsia sinensis* Lam.

种子形态 荚果条形，扁平，不弯曲，长 15.0~30.0cm，宽 2.0~3.5cm，表面黑紫色至黑褐色，光亮，有不明显的横裂纹。种子多数，长椭圆形，棕褐色，有光泽，长 13mm，宽 10mm，厚 5mm。表面有细小的横裂纹，

种皮革质，坚硬难剥开。胚乳白色，透明，黏液样，包蔽着胚，子叶 2 枚，黄白色，肥大，胚根位于子叶基部，歪向生长，气无，味微苦。

种子采收 果熟期 10 月。当荚果暗紫色时采摘，新鲜质软用剪刀剥取种子，荚果干后，质地变硬，不易剥开，药用碾子将荚果碾碎，筛取种子。

发芽条件 种子是硬实种子，只要用硫酸处理或其他机械损伤种皮，发芽率很高，如不处理，发芽慢且不整齐。

五十、胀果甘草 *Glycyrrhiza inflate* Bat.

种子形态 荚果长圆形而直、膨胀。种子阔椭圆形或肾状近圆形，长 2.5~3.5mm，宽 2.0~3.0mm，厚 1.0~1.5mm。表面光滑，浅绿色或黄褐色；背部拱圆向腹部渐窄；腹面具 1 圆形凹窝状种脐，脐缘深黄色。种脊位于中部，色深，较明显。胚乳白色，子叶肥厚。

种子采收 果熟期 8—11 月。

发芽条件 浓 H_2SO_4 浸泡打破休眠，发芽适温 25℃恒温。

五十一、甘草 *Glycyrrhiza uralensis* Fisch.

种子形态 荚果扁平，多数紧密排列呈球状，弯曲，密被绒毛腺瘤，刺状腺毛和刺毛。种子宽椭圆形或圆形，略扁，长 2.7~4.3mm，

宽 2.6~3.7mm，厚 1.8~2.3mm，表面暗绿色、棕绿色、棕色或棕褐色，平滑，略有光泽；腹侧具 1 圆形凹窝状种脐，上连 1 棕色种脊。胚乳少量，半透明，呈薄膜状，包围于胚外方，胚弯曲，黄色，含油分；子叶 2 枚，肥大，椭圆状肾形或圆肾形，基部心形。

种子采收 7—9 月选 3 年以上植株，采籽粒饱满、无病虫害荚果，成熟时荚果呈黄褐色，割下果荚，风干脱粒，筛去果皮杂质。

发芽条件 种子的种皮质硬而厚，透性差，播后不易出苗，发芽率低。

五十二、补骨脂 *Psoralea corylifdia* L.

种子形态 荚果肾状椭圆形，略扁，长 3.7~4.8mm，宽 2.8~3.5mm，厚 1.4~2.0mm，表面黑褐色或棕黑色，具网状皱纹，解剖镜下观察被白色茸毛，顶端具 1小尖突花柱残基，基部侧生 1棕色果脐，有时外被淡棕色宿存花萼，其上散布棕色腺点，腹侧微凹，果皮黏附于种子外，不易剥离，含种子 1枚。种子肾状椭圆形，表面黄褐色，平滑，肾形微

凹处具 1白色圆形裂口状种脐，种脊棕褐色，甚短小。胚弯曲，淡黄色。胚根圆柱形，子叶 2枚，倒卵形。

种子采收 果熟期 7—9月，当种子发黑时分批采收，割下果穗，晒干，打下种子，除去杂质，放干燥处，防受潮和虫蛀。补骨脂采种期与种子发芽有关。

发芽条件 种子容易萌发，发芽适温为 20~25℃。

五十三、苦参 *Sophora flavescens* Ait

种子形态 荚果条形，长 5.0~12.0cm，先端具长喙，于种子之间稍缢缩。种子椭圆状或倒卵状球形，长 4.8~6.0mm，宽 3.7~4.7mm，表面淡棕褐色或棕褐色，平滑，稍有光泽。顶端钝圆，下端尖，且向腹面突起而呈短鹰嘴状；背面中央可见 1纵线（有时不甚明显），腹面可见 1暗褐色线状种脊，延伸至顶端为 1圆点状合点，至近下端相连于 1凹窝状种脐。胚略弯生，淡黄色，

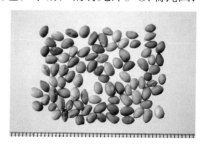

胚根短小，子叶 2 枚，肥厚，基部深心形。

种子采收 果熟期 7—9 月，当果荚变褐色时分批采集，晒干脱粒，筛簸去杂质，放干燥处保存。

发芽条件 种子有硬实，用砂纸轻轻摩擦，用 60~70℃热水浸种 1.5~2 小时，或用 95%~98% 浓硫酸处理种子 60min，可提高发芽率。

五十四、槐 *Sophora japonica* L.

种子形态 种子近矩圆形或卵形，长 6.0~10.0mm，宽 5.0~8.0mm，厚 2.5~4.5mm，深棕色至黑色，表面平滑有光泽。腹侧近直线形，背侧弧形，边棱明显，腹面可见 1 暗褐色线状种脊。种脐在腹侧下部，椭圆形，凹陷；晕轮隆起，与种皮同色，肿瘤紧挨种脐基部，微凸，与种皮同色；脐条明显，成 1 纵沟。胚根紧贴子叶，尖突出，较短，子叶 2 枚，具油性。

种子采收 果熟期 9—10 月。

发芽条件 发芽适温以 21.5℃以下的自然变温为佳。

五十五、葫芦巴 *Trigonella foenum-graecum* L.

种子形态　荚果条状圆柱形，长 5.0~11.0cm，先端呈尾状，稍弯，种子矩圆形或斜方形，略扁，长 3.2~4.4mm，宽 2.3~3.3mm，厚 1.6~2.1mm，表面黄棕色或暗黄棕色，平滑，解剖镜下可见有细小的疣状突起，两侧面各具 1 斜沟（胚根与子叶间形成的痕），相交于腹侧微凹处，腹侧微凹处具 1 白色点状种脐，其上方为 1 短种脊及圆点状合点。种皮薄。胚乳透明，角质样。胚弯曲，淡黄褐色；胚根圆柱状，子叶 2 枚，倒卵形。

种子采收　果熟期 6—8 月，待种子成黄棕色至红棕色时割下荚果，晒干，打下种子，除去杂质，放干燥阴凉处保存。

发芽条件　种子容易萌发，发芽要求较低温度，15~20℃，温度过高萌发率较低。

五十六、蒺藜 *Tribulus terrestris* L.

种子形态　聚合坚果，由 5 个小坚果组成，排列为放射状，直径 15.8~21.0mm，淡黄绿色、灰褐色或灰绿色，小坚果斧状或桔瓣状，背面较厚，呈弓状隆起，上各具 1 对长棘刺及 1 对短棘刺，并具多数短刺状及长刚毛突起，两侧面粗糙，具网状棱线，腹棱平直，果皮坚硬，木质，内含种子 2~4 粒。种子长倒卵形，略扁，黄

白色，基部略成截形，先端渐尖，长约 4mm，宽 1.5~2.0mm，种子间有隔膜，腹面可见 1 淡棕色线形种脊，至顶端相连于 1 圆形合点，种皮膜质。无胚乳，胚直生，淡黄色，有油性，胚根细小，子叶 2 枚，倒卵形。

种子采收 果熟期 8—10 月，当果实大部成熟时割取全草，晒干，打下果实，除净枝叶泥土。

发芽条件 种皮坚硬，透水性差，不经处理不易发芽。

五十七、亚麻 *Linum usitatissimum* L.

1.5mm

种子形态 蒴果球形，稍扁，直径 5.7~6.5mm，有 10 条纵棱，熟时黄褐色，纵棱开裂成 10 室，每室含种子 1 枚。种子倒卵形，扁，长 3.9~5.5mm，宽 2.0~2.2mm，厚 1.0~1.2mm，表面棕色，平滑，有光泽，解剖镜下可见密布细微麻点；顶端钝圆，下端尖，且歪向腹侧，种脐位于腹侧下端微凹处，种脊线形，浅棕色。种皮水浸后黏液化。胚乳少数，白色，包被于胚的外方，胚直生，淡黄色，含油分，胚根圆锥状，子叶 2 枚，椭圆形，基部心形。

种子采收 果熟期 6—7 月，待蒴果变成淡褐色未开裂时采摘，晒干，搓出种子，簸净杂质，放干燥阴凉处保存。

发芽条件　种子容易萌发，对温度要求不严，在 15~30℃条件下都可以萌发。

五十八、飞扬草 *Euphorbia hirta* L.

种子形态　蒴果卵状三角形，长 1mm，径约 1.0~1.2mm，表面有平伏短毛。种子卵状四棱形，背面拱圆，腹面中间有 1 纵肋分为两微斜面，黄绿色，长 0.5~0.8mm，宽约 0.5mm，表面有小疣点。胚乳丰富，胚大，直立，子叶 2 枚，椭圆形。

种子采收　果熟期 6—9 月，当种子呈黄绿色时采集，摊晾干燥，去杂质，干藏。

发芽条件　种子容易萌发，萌发适温为 25~30℃。

五十九、蓖麻 *Ricinus communis* L.

种子形态　种子椭圆形，略扁，长 11.8~14.8mm，宽 7.8~9.3mm，厚 6.2~7.4mm，表面灰色或棕灰色，具棕黑色或棕褐色斑

纹及斑点,有光泽。顶端钝圆,下端具1白色种阜,2裂,腹面可见1线形种脊,种脐位于种阜上方,合点位于腹面近顶端,小突起状。外种皮硬而脆,内种皮白色,薄膜质。胚乳白色,含油分,胚直生,胚根短小,子叶2枚,薄片状,椭圆形。

种子采收 果熟期9—10月,待蒴果干缩、未裂开时割下果穗,暴晒至开裂,打下种子,簸去外皮及杂质。

发芽条件 种子容易萌发,发芽适温为30℃左右。

六十、酸橙 *Citrus aurantium* L.

种子形态 柑果近球形,直径2.0~3.5cm,表面橙黄色或黄绿色,果皮粗糙,散有无数小油点及网状隆起的皱纹,密被短柔毛,果顶端有明显的花柱,基部有短果柄或果柄痕存在。果皮厚2.0~3.0mm,内有6~8果瓣,每瓣内有种子数枚。种子长椭圆形或卵状三角形,长6.5~8.1mm,宽4.8~5.1mm,厚2.4~3.6mm,表面有纵皱纹,顶端圆,基部狭尖,为种脐所在。

种子采收 果熟期11—12月,采摘充分成熟的果实,捣破果皮,堆积腐烂后洗出种子,随即播种,如不能及时播种,可放稍湿润细砂中保存。

发芽条件 种子发芽适宜在9~14℃条件下。

六十一、花椒 *Zanthoxylum bungeanum* Maxim.

种子形态 蓇葖果球形，表面红褐色或紫红色，极粗糙，顶端有不甚明显的柱头残迹，基部常见有小果柄及未发育的1~2个离生心皮，呈小颗粒状，外果皮表面极皱缩，可见许多疣状突起的油腺，内果皮光滑，灰色，常由基部与外果皮分离而向内反卷，果皮革质，具特殊的强烈香气，味麻辣而持久。种子球形，直径3.0~4.0mm，表面黑色，有光泽，脐部有1棕色圆形突起。

种子采收 果熟期8—10月，当果实呈红色时开始采摘，用手摘或剪刀采收，稍晾、揉搓或轻打，使果壳与种子分离，过筛，随采随播，或湿沙藏至来春播种。

发芽条件 种子需经一段较低的温度沙藏后出苗。

六十二、鸦胆子 *Brucea javanica* (L.) Merr.

 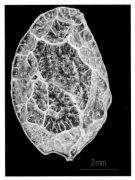

种子形态 种子扁椭圆形，长0.71cm，宽0.42cm，表皮粗糙，有突起的皱纹。

种子采收　果熟期 4—9 月，采收黑色成熟的果实，应除去果皮，洗净果肉，否则发芽慢，发芽率低。

发芽条件　最适发芽温度为 27.5℃左右，温度高发芽快，发芽率亦高，日平均温度 20℃以下不发芽。

六十三、楝 *Melia azedarach* L.

种子形态　内果皮坚硬，外面有 5~6 条脊棱，4~6 室，每室含种子 1 粒。种子长椭圆形或梭形，长 6.0~8.0mm，径 2.0~3.0mm，黑色，基部有 1 凹陷种脐。有稀薄的胚乳，黄白色，胚在胚乳中间，子叶 2 枚，长椭圆形，胚根短小，气特异，味酸而苦。

种子采收　果熟期 10—11 月，11—12 月果实成熟。采种期较长，整个冬季都悬挂在树上，采收后用水浸泡几天，洗去果肉，晾干保存，可将果皮一同晒干贮藏，也可选排水良好的露天坑藏。

发芽条件　种子在室温 9.2~11.8℃下发芽显著比 15~25℃变温箱好；在室温条件下，干湿处理的效果不明显，但在变温箱内发芽的种子，干湿处理显著比不处理好。

六十四、远志 *Polygala tenuifolia* Willd.

种子形态　蒴果倒心状圆形，长、宽约 4.0~4.5mm，花萼宿存，下有残留果柄，先端凹入，基部宽楔形，内具种子 2 枚。种子长倒卵形，长约 3mm，宽约 2mm，厚约 2mm。种皮灰黑色，密被灰白色绢毛，先端有黄白色种阜，假种皮白色。有胚乳，黄白色，中间有黄色的胚，子叶 2 枚，长圆形，先端钝圆，基部凹入呈心形，下面有 1 短圆的胚根。

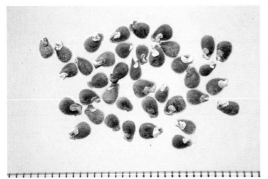

种子采收 果熟期6月中旬至7月初，蒴果成熟时开裂，种子散落地面，蚂蚁喜搬运种子，故应在果实7~8分成熟时采收种子，晾干，筛选去杂。

发芽条件 种子容易萌发，种子在15~30℃温度下均可萌发，但以较高的25~30℃为好，在有光照的变温箱内发芽率降低。

六十五、南酸枣 *Choerospondias axillaris* (Roxb.) Burtt et Hill

种子形态 果核近圆柱形，末端稍窄，长1.5~2.0cm，径1.1~1.4cm，表面淡黄色，具许多纵向排列的小孔。近顶端有4~6个孔，长4.0~6.0mm，稍大，较为疏散；末端聚集着与顶端相同数目的孔，较小，且具1尖状突起。

种子采收 果熟期9—10月。

六十六、盐肤木 *Rhus chinensis* Mill

种子形态 圆形，略扁，长2.6~2.9mm，宽2.9~3.1mm，厚

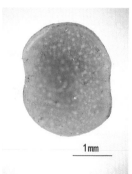

1mm

1.7~1.8mm，棕色有光泽，顶端微凹，有1点状合点，基部微凹，有1线状种脐，种皮坚硬。胚乳少量，白色，胚黄白色，含油分，子叶2枚，肥大。

种子采收 果熟期10月，种子未成熟前呈红色，成熟后呈褐色，采种时可用带钩的长竹竿将种子连穗钩下，收藏于阴凉通风处，防止变质。

发芽条件 种子表皮上包有1层蜡质，砂纸磨擦后，用45℃热水浸种，不停搅拌至水温降到适温，能够促进萌发。

六十七、凤仙花 *Impatiens balsamina* L.

种子形态 种子基部具1小突起状种脐；种皮薄而坚硬。胚直生，白色，半透明，含油分；胚根小而甚短缩，子叶2枚，肥大，圆形或卵圆形。

种子采收 果熟期9—10月，当蒴果黄绿色时及时采收，果熟时一碰果实，果瓣裂开，急速卷曲，种子弹出落地。晒干，筛去果皮等杂质。

发芽条件 种子容易萌发，发芽适温为25~35℃。

六十八、黄蜀葵 *Abelmoschus manihot* (L.) Medic.

1mm

种子形态 蒴果卵状椭圆形，长 4.0~5.0cm，表面密被棕黄色长硬毛，成熟时 5 瓣开裂，内含多数种子。种子肾形，长约 4mm，宽约 3.5mm，背部弓形，腹部内凹。种皮暗褐色，表面密被棕黄色茸毛，呈同心半圆状排列。种脐在凹口处，近圆形，黑褐色，边缘有 1 圈放射状棕色绒毛，其上覆盖宿存株柄。种皮质硬，内含少量胚乳，胚淡黄色，弯曲，子叶 2 枚，基部心形，两侧褶叠。

种子采收 果熟期 8—10 月。

六十九、苘麻 *Abutilon theophrastii* Medic.

种子形态 种子三角状肾形或倒卵状肾形，略扁，长 3.4~4.2mm，宽 2.5~3.2mm，厚 1.5~1.8mm，表面暗褐色或灰褐色，疏被灰色短毛，顶端钝圆，下端稍尖，腹侧肾形凹入处具 1 棕色隆线状种脐，种皮坚硬。胚乳少量，包围于胚外方，胚淡黄色，胚根圆柱状，子叶 2 枚，基部心形，两侧折迭。

种子采收 果熟期 9—10 月，

待果实干枯后摘下，晒干后用木棒敲打，使种子落出，筛出果皮及杂质，放干燥阴凉处保存。

发芽条件 种子在高温下萌发较好。

七十、冬葵 *Malva verticillata* L.

种子形态 蒴果由 10~11 个分果爿组成，成熟时各分果爿自中心轴彼此分离。分果爿背部较厚，具网纹，纹脊较低，有时不明显；腹部渐薄，近中部有 1 凹口，顶面观呈楔形，侧面观呈圆形。果皮淡黄褐色，径 2.0~2.5mm，质软而薄，表面有辐射状纵向脊纹，每果爿种子 1 枚。种子近圆形，两侧扁，径 1.8~2.3mm，红褐色，表面有模糊的不规则波状细横纹，外被 1 薄层与种皮同色的蜡物质，背部较厚，拱圆，腹部渐薄，两侧微凹。种脐褐色，常覆着残留珠柄，位于种子腹面的凹口内。无胚乳，胚弯曲，黄褐色，子叶回旋状褶叠。

种子采收 果熟期 6—8 月。
发芽条件 发芽适温 25℃。

七十一、白木香 *Aquilaria sinensis* (Lour.) Gilg

种子形态 种子有 1 条细丝与果壳相连。种子卵形黑褐色，长约 1cm，直径约 0.6cm，先端渐尖，种子基部延长为角状附属物，黑褐色长达 2cm。

种子采收 果熟期 6—8 月，熟果外壳呈浅黄绿色，易纵向两

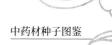

瓣裂开，种子借着果壳裂开的弹力散落地面，即可采收，用砂层积贮存室内阴凉处。

发芽条件 27~28℃时，播种 11~15 天可出苗。

七十二、冬瓜 *Benincasa hispida* (Thunb.) Cogn.

种子形态 种子两侧边缘均有 1 环状的边，种皮质薄而软。子叶 2 枚，外包 1 层无色薄膜状胚乳。胚根小，无气，味略甜。长柱形冬瓜的种子较小，长 1.0~1.2cm，宽 5.0~7.0mm，边缘无环状的边，种子质硬而脆。

种子采收 果熟期 6—9 月。当瓠果停止生长，外被白粉时采摘，剖开果实取出种子，洗净晒干，藏通风干燥处。

发芽条件 种子容易萌发，发芽适温为 25~30℃。

七十三、丝瓜 *Luffa cylindrica* (L.) Roem.

种子形态 种子扁椭圆形，长 10.5~12.8mm，宽 8.4~8.9mm，厚 2.6~3.1mm，表面黑褐色至黑色，解剖镜下观察布满突起弯曲的线纹，边缘具狭翼，基部为种脐，两侧面较平，近基部各具 1 对叉开的披针形隆起。种皮外层硬，木质，内层灰绿色，膜质。胚直生，白色，有油性，胚根短小，子叶 2 枚，肥厚，椭圆形。

种子采收 果熟期 9—10 月，当丝瓜枯黄变干，种子黑色时（白籽丝瓜为黄白色）采收，待全干后剪去两端，从丝瓜络中抖出

种子，晒干。

　　发芽条件　种子容易萌发，较高温度下发芽较好。

七十四、木鳖 *Momordica cochinchinensis* (Lour.) Spreng.

　　种子形态　种子不规则，略呈平圆板状，中间稍凸，直径 2.0~3.0cm，厚 5.0~7.0mm。表面灰黑色或灰褐色，周边两侧有不规则的锯齿状突起，呈龟板状。种子表面有凹陷的网状花纹，上有 1 浅灰色凹点为种脐，先端有 1 三角状圆形突起为合点。外种皮质坚而脆，内种皮薄膜状，表面灰绿色，绒毛样。子叶 2 枚，肥厚。子叶靠近种脐的一端，有细小的胚根，有油腻气味，味苦。

　　种子采收　果熟期 8—11 月。果熟后采取，剥开果实，取出种子，洗净残留果肉，晒干后贮藏。

　　发芽条件　种子在 25~30℃恒温箱内萌发较好。

七十五、栝楼 *Trichosanthes kirilowii* Maxim.

　　种子形态　种子扁椭圆形，长 11.1~15.4mm，宽 7.1~10.4mm，厚 3.3~4.5mm，表面暗棕色或棕灰色，略粗糙；顶端钝圆，下端常略带尖，先端具 1 黄白色条状种脐，相连 1 裂口状或孔状种孔；两侧面较平，周围具 1 宽约 1mm 的边，外种皮厚，木质，内种皮灰绿色，膜质。胚直生，含油分，胚根甚细小，子叶 2 枚，肥厚，椭圆形。

种子采收 果熟期 9—10 月，选橙黄色、壮实而柄短的果实，待果实呈橙黄色，光滑无毛时连果柄剪下，挂在干燥通风处阴干，播种前从瓠果中取出种子，于水中洗去肉质果瓠，晾干播种；也可采后即将果实纵剖取出种子，洗净晾干，放干燥阴凉处保存。

发芽条件 种子容易萌发，发芽适温为 25~30℃。

七十六、石榴 *Punica granatum* L.

种子形态 种子长方状倒卵形，长 7mm，宽 4mm，厚 3mm。外种皮肉质多汁，粉红色或带白色，内种皮革质。胚直立，子叶旋卷弯曲。

种子采收 花期 5—8 月，果熟期 9—11 月。当果实开裂时采收，由果实中取出种子后，洗去果肉，晾干或随即播种。

发芽条件 种子容易萌发，在 30℃等较高温度下及冬季温室（不加温）低温条件下均可萌发，但在树阴下经受零下低温后，及在 15℃黑暗的恒温条件下均未见萌发。

七十七、使君子 *Quisqualis indica* L.

种子形态 种子呈纺锤形，长 1.5~2.8cm，直径 0.6~1.0cm，种皮薄，灰白色带有黑色斑块。子叶 2 枚，淡黄色，肥厚，边缘不整齐，表面有皱纹，胚根不明显，气微香，味淡。

种子采收 果熟期 6—10 月。当果实呈紫褐色时采摘，晾干，贮藏通风干燥处，或湿

沙藏。

发芽条件 种子容易萌发,在20~30℃温度下均能萌发。

七十八、诃子 *Terminalia chebula* Retz.

种子形态 种子长圆形,黄褐色,一端微尖,略有棱,表面粗糙有凹入的洞纹,长1.58~2.75cm,宽0.9~1.65cm,种壳坚硬,厚0.3cm。

种子采收 果熟期8月至翌年1月,在云南省以11月采收果实作种较好。成熟果实为黄绿色。由于从树上采果不方便,故诃子种子可在果实成熟落地后及时收集果实,去皮晒干贮存。鲜果去皮较易,堆放干果较不易去皮。

发芽条件 种子随着温度升高发芽加快。

七十九、山茱萸 *Cornus officinalis* Sieb.et Zucc.

种子形态 果核长椭圆形,长10.0~13.0mm,径约5mm。表面红褐黄色,有纵直棱线4~6条,先端钝圆,基端圆形。有1白色不闭合的圆圈,圆圈内凹陷处为种脐,两侧各有1线延伸至果实下部2/3处。内果皮厚,坚硬,内散有很多含琥珀色、胶样透明分泌物的圆形腔室。核内分1或2室,每室种子1枚。种皮薄,有丰富的胚乳。胚圆棒状,小而直,胚根和子叶分界不明显。

种子采收 果熟期9—10月。

八十、人参 *Panax ginseng* C. A. Mey.

种子形态　种子宽椭圆形或宽倒卵形，略扁，长 4.8~7.2mm，宽 3.9~5.0mm，厚 2.1~3.4mm。表面黄白色或浅棕色，粗糙；背侧呈弓状隆起；两侧面较平；腹侧平直，或稍内凹，基部有 1 小尖突，上具一小点状吸水孔，吸水孔上方有 1 脉（有时脱落或部分脱落），由种子腹侧经顶端，再经背侧达基部，脉至种子上端后开始分为数枝，凡脉经过处，种子均向内微凹而呈浅沟状，外种皮木质，厚约 0.5mm，内表面平滑，有光泽；内种皮菲薄，淡棕色，贴生于胚乳；腹侧平或稍内凹，具 1 黄色或棕黄色浅状种脊，至顶端常分为 2（1~3）枝，至基部相连于 1 小尖状种柄。胚乳有油性。胚细小，埋生于种仁的基部。

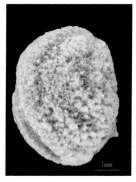

种子采收　人参果实 7 月中旬至 8 月中旬成熟，成熟时呈现红色，果肉变软，应成熟一批采一批，采红熟果实，注意不要碰掉紫果和青果，采回后及时放在筛内或盆中，搓掉果皮、果肉，用水漂除果肉及不成熟的浮子，将种子洗至洁白干净为止。

发芽条件　种子属于胚后熟休眠类型。

八十一、三七 *Panax notoginseng* (Burk.) F.H.Chen

种子形态　种子椭圆形或三角状卵形，黄白色，表面粗糙，径

5.0~6.0mm。种脐处突出成小喙。接合面观亦呈三角形，中间有1凹沟。胚乳丰富，胚棒状，位于突出的小喙处，未分化。

种子采收 果熟期10—12月。

八十二、西洋参 *Panax quinquefolium* L.

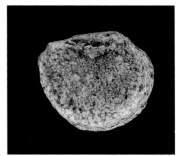

种子形态 种子宽椭圆形或宽卵形，扁。长 0.5~0.76mm，宽 0.45~0.6mm，厚 2.6~3.5mm。表面黄白色，粗糙，背侧呈弓形隆起，腹侧平直，或稍内凹，基部有1小尖突，上具1小点状吸水孔。吸水孔上方有1脉，有时脱落，由种子腹侧经顶端，再经背侧达基部，凡脉经过处，种子均向内微凹而呈浅沟状。两侧面较平坦，粗糙而无明显的沟纹。内种皮菲薄，淡棕色，贴生于胚乳。胚乳白色，有油性，胚细小，埋生于种仁的基部。

种子采收 果熟期7月下旬至9月。当果实呈鲜红色，果肉变软时即可采收，应分批采集。采回后放入筛中，搓去果肉，冲洗干净，经水洗漂去病粒及不成熟的籽粒，随即沙藏或阴干贮藏。

发芽条件 种子具胚后熟休眠。

八十三、通脱木 *Tetrapanx papyriferus* K. Koch

种子形态 种子瓜子形，腹
面平，背面外凸，长约 1.8mm，
宽 1.1mm，一端钝圆，另一端具
0.4mm 的下延种柄。表面黄棕
色，具细密疣点，种皮薄。胚乳
富含油质，胚细小，位于尖的一
端，未分化。

种子采收 果熟期 10—11
月。当果实呈黑色时采集，浸泡水中揉搓去果肉，取沉底种子洗净，
晾干放干燥处贮藏。

发芽条件 种子在黑暗的恒温箱内均未萌发，在有光照的变温
箱或温室内发芽率为 45%~50%。

八十四、杭白芷 *Angelica dahurica* (Fisch.ex Hoffm.) Benth.et Hook.

  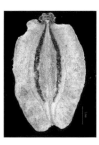

种子形态 白芷双悬果椭圆形片状，长 6.8mm，宽 5.7mm，厚
0.97mm。黄白色至浅棕色。分果具 5 果棱，侧棱延成翅状；每棱槽
间有油管 1 个，棕色，腹面有油管 2 个。

种子采收 果熟期 6—7 月，待果皮变黄绿色时连果序分批采
收，收后摊在阴凉通风处晾干，抖下或搓下种子，除去果梗杂物，

贮藏备用。

发芽条件　种子容易萌发，但发芽率低，种子萌发适温为15℃。

八十五、重齿毛当归 *Angelica pubescens* Maxim. f. *biserrata* Shan et Yuan

种子形态　双悬果卵状椭圆形，背腹压扁，表面浅黄色。分果长 5.0~7.0mm，宽 4.0~5.0mm，栓质化。接合面淡黄色，平坦，中央有 1 纵直的小凹沟，两侧具 2 条呈弧状的棕黑色纹理。分果的横切面呈半圆形。背面的 3 个主棱明显突出，两侧棱延伸成翅，宽约2mm，其长度约占果实横切面的 2/3 以上。每个主棱内具维管束 1条，油管 6 条，各主棱面都有 1 条，接合面 2 条。种子 1 枚。种子半圆形，种皮膜质。种脐位于基部。横切面呈长椭圆形，纵切面呈狭长形略弯曲。具油性，胚细小，白色，埋生于种仁基部。

种子采收　果熟期 9—10 月。

发芽条件　发芽适温 20~25℃。

八十六、当归 *Angelica sinensis* (Oliv.) Diels

种子形态　双悬果宽卵圆形，扁，翅果状，长 4.5~6.5mm，宽4.0~5.2mm，厚 1.1~1.5mm，表面灰黄色或淡棕色，平滑无毛；顶端有突起的花柱基，基部心形。分果背面略隆起，具 5 条明显隆起的肋线，中间的 3 条较低平，两侧的 2 条特宽大成翅状，腹面平凹，

常存 1 细线状悬果柄，与果实顶端相连。横切面上可见肋线间各具油管 1 条，腹面有油管 2 条。含种子 1 枚，种子横切面长椭圆状肾形或椭圆形。胚乳含油分，胚细小，白色，埋生于种仁基部。

种子采收 果熟期 8 月中旬，当种子由红转粉白色时分批采收，如种子过熟呈枯黄色，播种后容易提早抽薹。生产上应采用 3 年生当归所结的种子作种用，将果序割下，扎成把放阴凉处晾干，避免受热受潮，脱粒除净杂质，放阴凉处保存，也可置播种前脱粒。

发芽条件 种子容易萌发，在较低温度下发芽率高，但发芽较慢。

八十七、北柴胡 *Bupleurum chinense* DC.

种子形态 双悬果椭圆形，长约 3mm，宽约 1mm，侧面扁平，合生面收缩，表面棕褐色，略粗糙，悬果切面近半圆形，油管围绕胚乳四周，胚乳背面圆形，腹面平直，胚小。

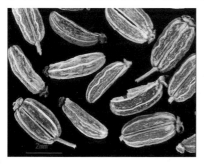

种子采收 果熟期 9—10 月。当果实呈淡褐色时采集，剪下果

序，摊晒至干，脱粒，筛簸去杂质，放干燥通风处贮藏。

八十八、狭叶柴胡 *Bupleurum scorzonerifolium* Willd.

种子形态　双悬果椭圆状卵形，侧面略扁平，灰褐色，长 2.0~3.0mm，宽 1.5~1.8mm，合生面略收缩，5 条果棱粗钝突出，悬果的横切面近五边形，油管围绕胚乳四周，胚乳背面圆形，腹面平直，软骨质，胚小。

种子采收　果熟期 8—10 月。当果实呈灰褐色时割取，晒干，脱粒，簸去杂质，放通风阴凉处贮藏。

发芽条件　发芽适温为 20℃左右。

八十九、蛇床 *Cnidium monnieri* (L.) Cuss.

种子形态　双悬果椭圆形，长 2.2~3.1mm，宽 1.6~2.4mm，表面灰黄色或灰棕色，平滑无毛，顶端具突起的花柱基，有时可见 2 外弯的线形花柱，基部具果柄痕或有残存的果柄。分果背面隆起，具 5 条翼状的肋线，腹面较平，横切面呈五角星形，肋线间各具油管 1 条，腹面具油管 2 条，含种子 1 枚。种子横切面略呈肾形，胚乳含油分，胚细小，埋生于种仁基部。

种子采收　果熟期 6—8 月，当果实表面呈灰黄色时割下全株，

晒干，打下果实，除去杂质，再晒至全干。

发芽条件 种子为需光发芽，以较低的变温较好。

九十、茴香 *Foeniculm vulgare* Mill.

种子形态 双悬果，圆柱形，两端较尖，长 4.5~7.0mm，宽 1.5~3.0mm。表面黄绿色至灰棕色，光滑无毛，有时有长 3.0~1.0mm 的小果柄，顶端残留有 2 个长约 1mm 的圆锥形柱头；分果呈长椭圆形，背面隆起，有明显纵直肋线 5 条，腹面平坦，有槽纹，中央部分色深，两边色淡。气特异而芳香，味香而微辛。

种子采收 秋季采摘成熟果实，北京于 10 月采收，除去杂质，晒干贮存。

发芽条件 种子容易发芽，发芽适温为 15~25℃。

九十一、北沙参 *Glehnia littoralis* F. Schmidt ex Miq.

种子形态 双悬果圆球形或椭圆形，长 7.1~13.0mm，宽 5.8~8.7mm，表面黄褐色或黄棕色。顶端钝圆，中心为 1 小尖突状花柱基，有时尚可见 2 枯萎的花柱，基部稍窄，具果柄痕。分果背面隆起，具 5 条翼状肋线，密被粗毛，腹面较平，中间有 1 纵

棱脊，两侧各有数条弯弧形线纹，外缘疏被粗毛，横切面上可见约10~20条油管通过。含种子1枚，种子横切面弧形。胚乳白色，含油分，胚细小，埋生于基部。

种子采收 果熟期6—7月，待果实呈黄褐色时，连果梗一齐剪回，放通风处晒干脱粒，贮存备用。

发芽条件 种子属胚后熟的低温休眠类型，胚后熟需5℃以下土温4个月左右。

九十二、辽藁本 *Ligusticum jeholense* Nakai et Kitag.

种子形态 双悬果椭圆形，长3.1~3.9mm，宽1.9~2.9mm，厚1.1~1.8mm，表面灰棕色或黄灰色，顶端有突起的花柱基，基部具果柄痕或残存的果柄。分果背面隆起，具5条明显并隆起的肋线，腹面成弯弧形凹陷，中央为1白色隆起肋线，各肋线间具油管1条，腹面具油管2条，含种子1枚。种子横切面略呈半月形，胚乳白色，含油分。

种子采收 果熟期9—10月，待果序颜色呈棕色时剪下果序，晒干除去杂质，放干燥阴凉处保存。

发芽条件 种子从15~30℃都可以萌发，但以20℃较好。

九十三、羌活 *Notopterygium incisium* Ting et H. T. Chang

种子形态 双悬果扁椭圆形，长4.3~6.2mm，宽1.6~2.8mm，表面橡褐色，背面有纵棱3~4条，常延伸成淡棕色的翅，腹面微凹，中央常存一细线状悬果柄，与果实顶端相连，顶端有 1 突起的花柱基，基部微尖，内含种子 1 枚。种子横切面略近于月牙形，胚乳白色，胚细小，埋生于种仁基部。

种子采收　果熟期 8—9 月，当果实变褐色时割下，晾干脱粒，除去杂质，随即播种或放阴凉干燥处贮藏。

发芽条件　种子为胚后熟休眠类型，胚的发育后熟要求较高温度。

九十四、防风 *Saposhnikovia divaricata* (Turcz.) Schischk.

种子形态　双悬果狭椭圆形或椭圆形，略扁，长 4.2~5.7mm，宽 2.0~2.6mm，厚 1.2~2.2mm。表面灰棕色，稍粗糙，未成熟者具疣状突起，顶端具 3~5 枚三角状萼齿，围着 1 突起的花柱基，有时尚可见 2 宿存花柱；基部具 1 果柄痕或具残存的果柄。分果背面稍隆起，具 5 肋线，中间的 3 条较平，两侧的 2 条较宽，腹面平凹，横切面上可见肋线间各具油管 1 条，腹面具油管 2 条。含种子 1 枚。

种子横切面扁，胚乳丰富，灰白色，含油分，胚细小，白色，胚生于种仁基部。

种子采收 果熟期9月，当种子（双悬果）呈灰棕色，裂开呈二分果时及时采收，晾干，除去杂质，贮藏备用。

发芽条件 种子容易萌发，用细沙磨擦可略增加发芽率，用赤霉素浸种未见有促进发芽效应。

九十五、白花前胡 *Peucedanum praeruptorum* Dunn

种子形态 双悬果卵圆形，无毛，表皮黄绿色或绿褐色。分果片宽椭圆形或卵形，长 4.0~5.2mm，宽 3.0~3.5mm，厚 0.6~0.8mm。顶端有突起的花柱基，基部圆形。背面略隆起，具5条棱，中间3条明显隆起，边缘两条发展成窄而厚的翅。腹面平或稍凹，常存1线状悬果柄，与果实相连，中央有1条白色纵棱，两侧多为两条褐色棱。种子肾形，种皮膜质。胚乳具油性，胚小，埋生于胚乳基部。

九十六、朱砂根 *Ardisia crenata* Sims

种子形态 浆果状核果，球形，稍扁，直径 7.75~10.45mm，熟果橙红色，表面长满淡红色茸毛，果柄、果托茸毛为灰白色。种子球形，直径 5.1~5.7mm，表面淡紫色，并长有灰白色短绒毛，种脐及其周围的绒毛厚密，种皮上布满纵向网纹，连接种子两端，外种皮角质，薄，内种皮膜质，浅褐色，有光泽。胚乳淡黄色，胚卵形。

种子采收　果熟期9—11月，采摘成熟的果实，先把种子挤出来，用双层纱布包裹着轻轻搓洗，再用清水将剩余的果肉漂洗干净，待晾干种皮后，便可贮藏在玻璃容器中。

发芽条件　种子在有光照的15~25℃变温箱条件下发芽。

九十七、白花树 *Styrax tonkinensis* (Pierre) Craib ex Hortwick

种子形态　种子尖卵形，棕褐色，长9.0~12.5mm，宽5.4~6.4mm。

种子采收　海南果熟期8—9月，云南果熟期8—12月。晒干和阴干的种子发芽率差别不明显，但晒干的种子没有阴干的种子耐贮藏。

九十八、连翘 *Forsythia suspense* (Thunb.) Vahl

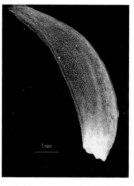

种子形态　蒴果木质，卵圆形，顶端尖，长约2cm，表面有小圆形瘤状突起，成熟时褐色，两裂，种子多数。种子长条形或半月形，长6.4~7.5mm，宽1.6~2.2mm，厚1.2mm，表面黄褐色，腹面

种皮薄。胚乳丰富，污白色。胚圆形，白色，直生，胚根短圆。

种子采收 花期6—7月，果熟期9—12月。

一〇一、白薇 *Cymanchum atratum* Bge.

种子形态 种子卵形或椭圆形，扁，长6.1~8.2mm，宽3.1~4.3mm，厚1.2~1.6mm，顶端束生白色绢毛，长17.6~26.5mm，常脱落。表面棕色或棕褐色，散布暗褐色小斑点，边缘狭翼状；背面稍隆起，腹面平或微凹，具1线形种脊，至顶端相连于1微突的种脐，至种子中下部相连于分枝的合点。胚乳白色，半透明，含油分，胚直生，淡黄色，含油分，胚根圆柱状，子叶2枚，椭圆形。

种子采收 果熟期8—10月，当蓇葖果变色，微开裂时及时分批采摘，否则蓇葖果开裂，种子飞散，晒开果壳，抖出种子，搓去白毛，晾干贮藏。

发芽条件 种子容易萌发，在15~25℃温度下发芽率均为90%以上。

一〇二、徐长卿 *Cynanchum paniculatum* (Bge.) Kitag.

种子形态 蓇葖果卵形，长渐尖。种子卵形，扁，长5.1~5.5mm，宽3.3~3.6mm，厚0.6~0.7mm，顶端束生白色绢毛，长17.2~22.7mm，常脱落。表面褐色或棕褐色，散步深棕色短线纹及小点(以背面为多)，解剖镜下观察可见表面密布细网纹，边缘翼状。顶端平截或微凹，基部钝

圆；背面稍隆起，腹面平或微凹，具1线形种脊，至顶端相连于微突的种脐，至种子中下部相连于略分枝的合点。胚乳白色，半透明，含油分，胚直生，黄色，含油分，胚根甚短小，胚芽显著，子叶2枚，卵形，具柄。

种子采收　果熟期9—10月，待蓇葖果成黄绿色，将开裂时及时采收，分批采，不然种子被风刮落，放干燥阴凉处保存。

发芽条件　种子容易萌发，发芽适温为。

一〇三、杠柳 *Periploca sepium* Bge.

种子形态　蓇葖果双生，单果长圆柱形，具纵条纹，先端长尖，长10.0~15.5cm，宽4.0~6.0mm，两果微向内弯，先端相连。种子长圆形或近宽线形，黑褐色，长6.0~8.0mm，宽1.5~2.0mm，背面微拱，中间具1纵棱，腹面稍平直，表面凹凸不平，有小突起，形成皱纹，并有极稀少的白短毛，顶端丛生白色绢质种毛，毛长3.0~3.5cm。

种子采收　果熟期7—9月。当蓇葖果未开裂，种子已呈褐色时分批采摘果实，放置后熟，待蓇葖果开裂时取出种子，除去种毛，晒干贮藏。

发芽条件　种子容易萌发，在15~30℃温度下均萌发良好。

一〇四、巴戟天 *Morinda officinalis* How

种子形态　聚合果扁球形或近肾形，直径0.7~1.6cm，肉质，表面有许多凹眼，周围有沟槽；成熟时橙红色，内有种子12~32粒；种子倒卵形，稍扁，长3.2~4.4mm，宽2.1~3.5mm，厚1.6mm，表面有沟槽，种脐位于种子腹面一端，呈纵沟状洞，种皮浅黄色角质；胚乳浅灰色。

种子采收 果熟期广东为
9—10月，海南省为6—7月；采
摘成熟的果实室内放置3~5d，
待果肉软烂时，用双层纱布包裹
着在水中搓揉，待果肉全部搓烂
后，用清水漂洗果肉、浮种，沉

种摊放在竹箩上，室内阴干种壳后，便可贮放在密封干燥的玻璃容
器内，于6℃冰箱贮藏。

发芽条件 种子在黑暗的恒温箱内发芽不好，在22.4~24.5℃
有光照的树阴下发芽快而好。

一〇五、茜草 *Rubia cordifolia* L.

种子形态 种子扁球形，直
径3.0~4.5mm，厚约2.7mm，
黑色，背面圆形，腹面圆环形，
中央凹陷。表面平滑，无光泽，
解剖镜下观察表面多皱纹，种脐
在腹面凹陷处，圆形，污白色，
少有黑色。

种子采收 果熟期9—11月，当浆果由红色转黑色时采收，在
水中浸泡，洗去果肉，晒干贮藏。

发芽条件 种子容易萌发，发芽最适温度为20℃，温度超过
30℃大大抑制发芽。

一〇六、裂叶牵牛 *Pharbitis nil* (L.) Choisy

种子形态 种子长4.0~8.0mm，背面及平坦面宽3.0~5.0mm。
种皮坚硬。

种子采收 果熟期 7—9 月。

发芽条件 发芽适温 25~35℃。

一○七、圆叶牵牛 *Pharbitis purpurea* (L.) Voigt

种子形态 种子横切面钝三角形，纵切面近半圆形。长 3.5~4.0mm，宽 2.5~3.0mm，具 3 棱，黑褐色，乌暗，无光泽，表面密布微小刻点。种皮黑褐色，表面粗糙呈糠秕状，无光泽。种脐近圆形或马蹄形，位于种子腹面纵脊的下端，稍凹陷，凹底及其凹口周围密被锈色短毛。种皮革质，内含少量胚乳，胚体大，折叠，子叶卷曲。

种子采收 果熟期 9—10 月。

发芽条件 发芽适温 25~35℃。

一○八、马鞭草 *Verbena officinalis* L.

种子形态 小坚果三棱状矩圆形，上下宽度几乎相等，下部边缘翅状，两端钝圆。1.5~2.0mm，宽 0.5~0.8mm。背面具 3~5 条细纵棱，只是在边缘和上端 1/3 处以上才有数条小横棱，将纵棱连接起来，具小瘤；腹面由 2 个面构成 1 条纵脊，具稠密的虫卵状白色突起。背面红褐色，粗糙；无光泽。果脐在腹面基端的中间，三角状圆形，直径约 0.3mm，白色或浅黄色。

0.5mm

种子采收 果熟期 7—10 月，采收成熟种子，除尽杂质，晒干贮藏。

发芽条件 种子容易萌发，较高温度下发芽较好。

一〇九、牡荆 *Vitex negundo* L. var. *cannabifolia* (Sieb. et Zucc.) Hand.-Mazz.

1mm

种子形态 种子长卵形，长 2.16mm，宽 1.1mm，种皮土黄色，薄膜质。解剖镜下观察表面具纵皱纹，种脐处为 1 褐色长圆小坑。胚乳白色，子叶 2 枚，胚根粗短。

种子采收 果熟期 10 月。当果实呈灰褐色时剪取果穗或捋取果实，晾干后脱粒，干藏。

发芽条件 种子发芽率低，发芽适温为 30℃。

一一〇、蔓荆 *Vitex trifolia* L.

1.5mm

种子形态　核果近球形，径约 6mm，黑褐色。表面被灰白色粉霜，密布淡黄色小点。先端微凹，底部有薄膜状宿萼及小果柄，宿萼包被果实的约 1/3，边缘翅裂成几瓣，灰白色，密生细柔毛。体轻，质坚韧，不易破碎。横断面果皮灰黄色，有棕褐色油点，内分 4 室，每室种子 1 枚。种仁黄白色，无胚乳，胚直立，胚根短。

种子采收　果熟期 9 月。

发芽条件　发芽适温 15~20℃。

一一一、单叶蔓荆 *Vitex trifolia* L.var.*simplicifolia* Cham.

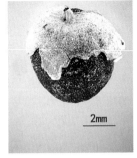

2mm

种子形态　核果圆球形，径 4.0~6.0mm，灰褐色或褐色。表面被灰白色粉霜，有 4 条纵沟，密布淡黄色小点。先端微凹，底部有薄膜状宿萼及小果柄，宿萼包被果实的 1/3~2/3，边缘齿裂，常深裂成几瓣，灰白色，密生细柔毛。体轻，质坚韧，不易破碎。横断面果皮灰黄色，有棕褐色油点，内分 4 室，每室种子 1 枚。种仁黄白色，无胚乳，胚直立，胚根短。

种子采收 果期 8—10 月。

一一二、风轮菜 *Clinopodium chinensis* (Benth.) O. Kuntze

0.5mm

种子形态 小坚果三棱状倒阔卵形至椭圆形，长 0.7~1.0mm，宽 0.6~0.8mm，浅黄褐色至淡褐色。背面拱圆，腹面近中部略隆凸而分为两个略平坦的斜面。果皮表面粗糙，具细小颗粒。果脐长圆形，浅褐色，表面积周围被白色粉状物。含种子 1 枚。种皮膜质，无胚乳，胚直生。

种子采收 果熟期 9—10 月。

一一三、益母草 *Leonurus japonicas* Houtt.

种子形态 小坚果三棱状阔卵圆形，长 2.0~2.4mm，宽 1.2~1.6mm，顶端截平呈三角形，边缘向上延伸成棱并稍向外反卷，背面拱形，腹面有 1 条锐纵棱，把腹部分成两个斜面。果皮褐色至黑褐色，表面粗糙，并被灰白色蜡质斑所覆盖，无光泽。果脐近三角形，脐底粗糙，与果皮同色，位于果实基部。含种子 1 枚。种子扁长卵形。种皮薄，黄白色。无胚乳，胚体白色，直生。

0.5mm

种子采收　果熟期 7—9 月。

发芽条件　发芽适温 15~30℃。

——四、紫苏 *Perilla frutescens* (L.) Britt.

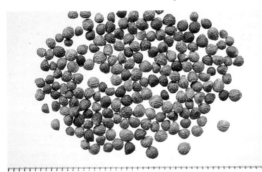

0.8mm

　　种子形态　种子（小坚果）卵圆形或长圆形，长径 2.5~3.5mm，短径 2.0~2.5mm，表面灰白色至灰棕色，上有不规则网纹，网纹间有白色点状物。小坚果较尖的一端有 1 棕色浅凹，凹中心有 1 突起为种脐。果皮薄脆，易碎裂，内含种子 1 粒。种皮灰白色，子叶 2 片，较肥厚，富油质，胚根直立，形小。

　　种子采收　果熟期 10—11 月，果实成熟期不一，成熟即散落，应及时采收。收割脱粒晒干，筛簸去杂，放于阴凉干燥处贮藏。

　　发芽条件　种子容易萌发，在遮光和有光条件下均萌发良好。

一一五、夏枯草 *Prunella vulgaris* L.

种子形态　种子倒卵形或椭圆形，白色或淡棕黄色；腹面具 1 棕色或淡棕色线形种脊，合点位于种子中部稍上方，种脐位于种子近下端；种皮薄，膜质。胚直生，白色，半透明，含油分，子叶 2 枚，肥厚，基部心形。

种子采收　果熟期 5—7 月，待坚果成黄棕色时剪取果序，晒干抖下种子，去杂质，放干燥阴凉处保存。

发芽条件　种子在低温下萌发较好，发芽适温为 15℃。

一一六、丹参 *Salvia miltiorrhiza* Bge.

种子形态　小坚果三棱状长卵形，长 2.5~3.3mm，宽 1.3~2.0mm，灰黑色或茶褐色，表面为黄灰色糠秕状蜡质层覆盖，背面稍平，腹面隆起成脊，圆钝，近基部两侧收缩稍凹陷；果脐着生腹面纵脊下方，近圆形，边缘隆起，密布灰白色蜡质斑，中央有 1 条 C 形银白色细线。

种子采收　果熟期 7 月中旬至 9 月，陆续成熟，应分批采收，成熟后坚果落地。

发芽条件　种子无休眠期，容易萌发，赤霉素可促进种子萌发。

——七、荆芥 *Schizonepeta tenuifolia* Briq.

种子形态　种子椭圆形，表面污白色或淡棕黄色，顶端钝，腹面具1棕色线形种脊，合点位于种子中部稍上方，种脐位于种子近下端，种皮薄膜质。胚直生，白色，含油分，胚根细小，子叶2枚，肥厚，卵状椭圆形，基部微心形。

种子采收　果熟期8—10月，在收获前于田间选择健壮、枝繁穗多、无病虫害的作留种株，较大田晚收 15~20 天，等种子充分成熟、籽粒饱满呈深褐色或棕褐色时割下果序，晾干脱粒，筛簸去杂质，放干燥阴凉处保存。

发芽条件　种子容易萌发，发芽适温 15~25℃。

——八、黄芩 *Scutellaria baicalensis* Georgi

0.8mm

种子形态　种子椭圆形，表面淡棕色，腹面卧生锥形隆起，其上端具1棕色点状种脐，种脊短线形，棕色。胚弯曲，白色，含油分，胚根略为圆锥状，子叶2枚，肥厚，椭圆形，背依于胚根。

种子采收　果熟期8—10月，待果实成淡棕色时采收，种子成熟期很不一致，且极易脱落，需随熟随收，最后可连果枝剪下，晒干打下种子，去净杂质备用。

发芽条件　种子容易萌发，在15~30℃下均萌发良好，35℃以上种子萌发较差。

——九、半枝莲 *Scutellaria barbata* D. Don

种子形态　种皮膜质，具1薄层胚乳，胚弯生。子叶2枚，肥厚，具油性，胚根弯曲向上贴附于子叶的一侧。

种子采收　果熟期6—8月。

发芽条件　发芽适温为25℃。

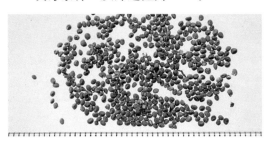 

0.5mm

一二〇、颠茄 *Atropa belladonna* L.

种子形态 种子多是三角状肾形、椭圆形或卵形，褐色，长1.5~1.8mm，宽1.0~1.5mm，厚0.9mm，解剖镜下观察表面密布细网纹；种脐圆孔状。胚乳白色，含油分，胚弯曲。

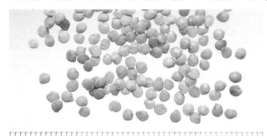
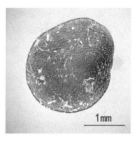

种子采收 果熟期8—10月，当果实呈黑紫色变软时采收，收后将果实放入水中搓去果肉，漂洗，取出沉底的种子，阴干保存。

发芽条件 种子种皮厚，发芽缓慢不整齐，发芽适温为30℃。

一二一、白曼陀罗 *Datura metel* L.

种子形态 种子多数三角状倒卵形，扁平，长4.0~6.6mm，宽3.6~4.9mm，厚0.9~1.4mm，淡褐色，周围有隆起的棱脊2~3条，两侧面平坦或微凹，顶端平截，基部尖，近基部一侧为1线形种脐，有时中央具1裂口状种孔。胚乳白色，含油分，胚略弯曲，含油分，胚根圆柱状，子叶2枚，线形。

种子采收 果熟期 8—10 月，当蒴果上部开裂种子变色时采收，白花曼陀罗种子上附有黏性物质，必须在水里淘净后，晒干贮藏，以免黏性物质在贮藏过程中吸潮发霉，影响种子发芽率。

发芽条件 在变温条件下萌发较好。

一二二、莨菪 *Hyoscyamus niger* L.

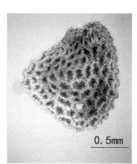

0.5mm

种子形态 种子倒卵状圆形或略呈肾形，扁，直径 1.2~1.7mm，厚 0.5~0.7mm，表面棕黄色或灰棕色，具隆起的网纹。两侧面平，腹侧微凹，近下端具 1 突起的种脐。胚乳白色，含油分，胚略弯曲，白色，含油分，胚根圆柱状，子叶 2 枚。

种子采收 果熟期 6 月，莨菪为无限花序，果实成熟后蒴果顶盖自行掉落。秋播者与 6 月上旬、春播者于 7 月中旬、北方于夏末秋初，当下部果皮呈黄色，上部种子充实呈淡黄色时，选晴天于分枝处割下，放通风处后熟，1 周后，取出晒干，打下种子，筛去杂质，再晒至干，放干燥阴凉处贮藏。

发芽条件 种子在 20~30℃温度下萌发较好。

一二三、宁夏枸杞 *Lycium barbarum* L.

种子形态 种子倒卵状肾形或椭圆形，扁，长 1.5~1.9mm，宽 1.1~1.5mm，厚 0.6~0.9mm，表面淡黄褐色，解剖镜下可见密布略隆起的网纹，腹侧肾形凹入处可见 1 裂口状或孔状种孔，其周缘即

1mm

为种脐。胚乳白色，含油分，胚卷曲，淡黄色，含油分，胚根圆柱状，子叶 2 枚，线形。枸杞种子与上种相似，唯比上种略大。

种子采收 果熟期 6—10 月，待浆果呈红色、橘红色时采摘，晾干，放干燥阴凉处保存备用，播种前把干果泡软，洗出种子。

发芽条件 种子容易萌发，发芽适温为 20~25℃。

一二四、酸浆 *Physalis alkekengi* L. var. *franchetii* (Mast.) Makino

种子形态 种子倒卵形或肾形，扁，长 2.1~2.3mm，宽 1.8~2.1mm，厚 0.7~0.9mm，表面淡黄色或淡黄褐色，解剖镜下观察可见表面密布细网纹，两侧面较平，腹侧中下部微凹，具 1 裂口状种孔，周缘为种脐。胚乳淡黄色，含油分，胚略卷曲，淡黄色，含油分，胚根圆柱形，子叶 2 枚，线形。

种子采收 果熟期 8—10 月，待浆果赤黄色变软时采收，搓烂，

0.5mm

洗出种子，晾干贮藏备用。

发芽条件　种子在恒温条件下不易萌发，24~30℃的变温条件下种子10天即可发芽。

一二五、玄参 *Scrophularia ningpoensis* Hemsl.

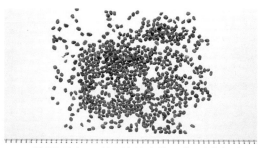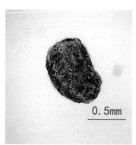

0.5mm

种子形态　种子椭圆形、卵形或倒卵形，背腹略扁且向腹面弯曲，长0.8~1.2mm，宽0.5~0.8mm，厚0.4~0.5mm，表面黑褐色或带暗灰色，具10条纵棱线，横切面上可见棱线间各有1分泌道。胚乳白色，半透明，含油分；胚细小，直生；胚根圆柱状，子叶2枚。

种子采收　果熟期8—9月，待蒴果干枯，种子黑褐色时连果枝剪下，晒干，脱出种子，筛去杂质，放于干燥阴凉处保存。

发芽条件　种子容易萌发，但发芽率低，萌发适温为30℃。

一二六、木蝴蝶 *Oroxylum indicum* (L.) Vent.

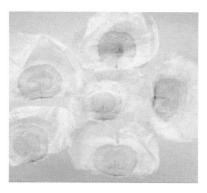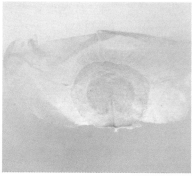

种子形态 种子多数薄而扁平，卵圆形，有白色透明的膜翅，种子连翅共长 6.0~7.5cm，宽 3.4~4.7cm，厚 0.6~0.8cm，除基部外全部为膜质的翅所包围，表面隐约可见心形子叶和胚根。

种子采收 花期夏秋季，果熟期秋季，当蒴果由青绿转棕褐色，果瓣木质时采收，晒干，剥出种子，放干燥阴凉处保存。

发芽条件 种子容易萌发，在高温下萌发较好。

一二七、穿心莲 Andrographis paniculata (Burm. f.) Nees

种子形态 种子椭圆形至卵形，略扁，长 2.03mm，宽 1.62mm，厚 0.8~1.2mm，黄褐色至棕褐色，种皮坚硬，外观好似一卷曲成 U 形一端的外侧。

0.5mm

种子采收 果熟期 8—11 月，穿心莲为无限花序，果熟期长，应分批采种，种子成熟度对发芽率影响很大，应采老熟种子。当蒴果呈紫褐色时即可采摘，在清晨露水未干时采摘，以免种子弹跳损失。放置数日，果荚自行开裂，筛去果荚，放干燥处贮藏。

发芽条件 种子萌发要求较高的温度，发芽温度以 30℃恒温条件下左右较适宜。